Abdoul-Azize SAMPEBGO
Joachim Bonkoungou

Avaliação da erosão hídrica através do método de agregação

Abdoul-Azize SAMPEBGO
Joachim Bonkoungou

Avaliação da erosão hídrica através do método de agregação

Técnica de estimativa qualitativa da erosão hídrica

ScienciaScripts

Cover image: www.ingimage.com

This book is a translation from the original published under ISBN 978-620-6-72394-3.

Publisher:
Sciencia Scripts
is a trademark of
Dodo Books Indian Ocean Ltd. and OmniScriptum S.R.L publishing group

120 High Road, East Finchley, London, N2 9ED, United Kingdom
Str. Armeneasca 28/1, office 1, Chisinau MD-2012, Republic of Moldova, Europe
Printed at: see last page
ISBN: 978-620-8-15522-3

GUIA DESVALORIZAÇÃO DE NÍVEL DE ERODIBILIDADE DO SOLOS POR LÁ MÉTODO AGREGAÇÃO: CASO DO INSTALAÇÕES DE IRRIGAÇÃO DE ABAIXO BACIA HIDROGRÁFICA DE NARIARLÉ, BACIA DE NAKANBE NO BURKINA FASO

ABDOUL-AZIZE SAMPEBGO

MESA DE CONTEÚDO

DEDICAÇÃO

TEM SAMPEBGO IMANDOUDINA,

OBRIGADO

Lá realização do aqui documento tem verão possível graças a ajuda E em apoio de várias pessoas e instituições. Esta é uma oportunidade para expressarmos nossa sincera e profunda gratidão a eles. Primeiramente, gostaríamos de expressar nossa profunda gratidão às Éditions Universitaires europeu (EUA) Para O profissionalismo e o trabalho conquista notável por colocar nosso documento online. Obrigado ao nosso diretor de tese, Doutor BONKOUNGOU. OBRIGADO, Doutor Para sua confiança, seu disponibilidade e suas muitas dicas. Também estendemos nossos agradecimentos ao corpo docente do Departamento de Geografia das universidades NORBERT ZONGO de Koudougou e Joseph KI-ZERBO de Ouagadougou, pelo treinamento que recebemos. Uma menção especial é feita ao Professor SOMÉ Yélézouomin Stéphane Corentin por seu apoio multifacetado. Nossos agradecimentos também vão para toda a equipe do Instituto do Meio Ambiente e de Pesquisa Agrícola (INERA), de Mesa National Soil Survey (BUNASOLS), à National Meteorological Agency of Burkina Faso (ANAM BF) pelos dados que gentilmente nos foram fornecidos. Também expressamos nossos sinceros agradecimentos a toda a equipe do Ministério da Agricultura, Recursos animais e Pesca ; a todo o pessoal da economia verde e das alterações climáticas MEEA/Burkina Faso; do Gabinete Nacional de Geologia do Burkina (BUNGEB); à Direcção Regional da Agricultura, Recursos Hídricos, Saneamento e Segurança Alimentar (DRARH /ASA). Os nossos agradecimentos a todo o pessoal da Direcção Geral de Infra-estruturas Hidráulicas (DGIH). Agradecimentos a todos os produtores de: Wèdbila , Nabazana , Pk25, Monastère . Da mesma forma, expressamos a nossa gratidão à Sra. Louré da gestão comunal da agricultura de Koubri . nascer nós saberemos para terminar sem demonstrar nosso reconhecimentos tem o lugar de todos os meus colegas médicos: OUEDRAOGO Ibrahim, ZOUNDI Mahamadi , ZABRE Gustave, ZAN Amadou, SAVADOGO Boureima, que compartilharam conosco os momentos de dor e alegria da pesquisa.

INTRODUÇÃO

As instalações os sistemas de irrigação enfrentam riscos climáticos relacionados com para mudanças climático. Esses riscos climático são tem a origem de muitos formas e processos de erosão. Segundo a Convenção das Nações Unidas para o Combate à Desertificação (CCD), o degradação do solos tocar diretamente mais de 250 milhões de pessoas e ameaça cerca de um bilhão em mais de 100 países. Essas pessoas estão entre os cidadãos mais pobres, marginalizados e vulneráveis do planeta. O plano político (Jarraud, 2005, pág. 07). De dados do UNCCD (2015, p. 05) revelam que a erosão é responsável pela perda de cerca de 1/3 das terras aráveis do mundo. Com as mudanças climáticas, essas perdas estão aumentando continuamente em mais de 10 milhões de hectares por ano. Nos últimos 40 anos, 25% das terras continentais vêm sofrendo degradação extrema, ou estão sofrendo degradação em ritmo acelerado. Dados regionais do projeto CORDEX preveem mudanças muito significativas nos vários parâmetros climáticos. Tal que O precipitação, O temperaturas, O ventos, etc. de acordo com do estudos de A. Azize Sampebgo et al. (2024, p. 01), a precipitação anual total geralmente sofrerá uma diminuição no período 2030-2060 para os cenários fraco (RCP 2.6) E significa (RCP 4.5). O chuvas diário vai ser de cada vez mais intenso com médias acima de 300 mm. Esses dados climáticos futuros plano do instalações de mais em mais erodido com do consequências muito importante. O fenômeno do assoreamento, o desaparecimento de certos cursos de água, a redução da capacidade de retenção dos aproveitamentos hidráulicos, a queda considerável de lá produção agrícola, E BOM outros consequências vai ser observado. É essencial desenvolver métodos eficazes para avaliar as formas e processos de erosão hídrica à luz de variações extremas nos parâmetros climáticos.

1. DEFINIÇÃO DE EROSÃO

Erosão é a destruição ou degradação dos solos. Vários agentes intervêm na degradação do solo. Destes agentes temos a erosão antrópica ou antropogênica, os ventos também chamados de erosão eólica e a erosão hídrica ou hídrica. A classificação segundo os fenômenos da degradação do solos permite-nos distinguir três níveis principais (Imagem 1): degradação física, degradação química e degradação biológica (Yaméogo , 2021, p. 16). A degradação física do solo diz respeito à degradação da estrutura do solo ligada a vários fenómenos: erosão hídrica, aglomeração, crostas, batimento, compactação ou aumento da densidade relativa, redução da porosidade, permeabilidade do solo e vento. A degradação química é a degradação ligada à deterioração das diferentes propriedades químicas de um solo (acidificação).

Foto 1: O diferente nível de erosão

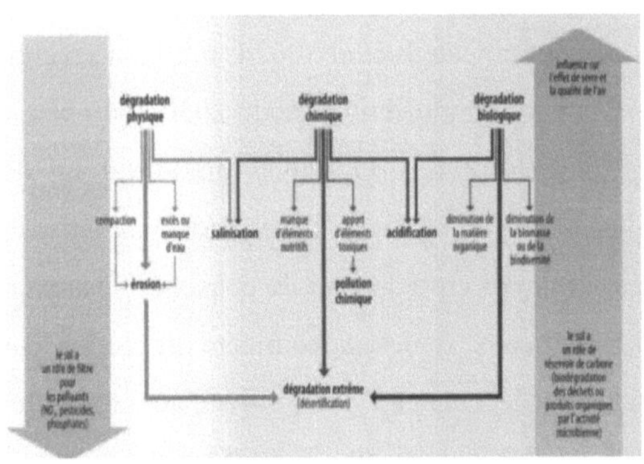

Fonte : (Voltar, 2019 citado por Yaméogo , 2021, pág. 16)

A degradação biológica é determinada pela redução do teor de matéria orgânica do solo. Segundo John Agard et al (2014, p. 06), a degradação do solo em áreas áridas, semiáridas e subúmidas secas refere-se à diminuição ou desaparecimento de lá produtividade biológico Ou econômico E Leste vinculado de lá complexidade terra. Os processos de erosão hídrica são hoje cada vez mais intensos com a fenómeno riscos climático (Sampebgo, Ibrahim, E outros, 2024, 2024, pág. 12).

2. SÍNTESE DO MÉTODOS DE ESTUDOS DE EROSÃO ÁGUA

Vários métodos são usados no estudo da erosão hídrica. Esses métodos podem ser agrupados em dois grandes grupos.

- Estimativa qualitativa da erosão hídrica e mapeamento do terreno de acordo com sua vulnerabilidade.
- O método quantitativo cujo objetivo é estimar a quantidade de materiais evacuados (qualquer de acordo com deles pontos inicial, qualquer de acordo com deles transporte, qualquer Depois seus depósitos).

2.1. O métodos quantitativo de erosão água

Três técnicas pode ser usado para a estimativa qualitativo erosão hídrica : O técnicas de medir No nível do encostas, O técnicas de medição de nível de curso técnicas de medição de água e nível de depósitos ou reservatórios de lagos.

2.1.1. O técnicas de medir No nível do encostas

Técnicas de medição de nível de declive. Elas usam quatro métodos.

O parcelas experimental , esse técnico deve responder tem UM certo várias condições: isolado de terras vizinhas para evitar interação, equipado com uma bacia de recepção, O balanço patrimonial de erosão Leste estabelecido por um análise de massa granulometria volumétrica de sedimentos (Samake, 2017, p. 50).

Medições por estacas de referência , a progressão dos processos erosivos é medida por estacas, geralmente barras de ferro graduadas (Feret & Sarrailh , 2005).

Lá quantificação pela radioisótopos ^{137}Cs (césio 137, 30,2 anos de período, profundidade 25cm tem (30 cm) E O ^{210}Chumbo (22,3 anos de período). O césio 137 permitem estimar a quantidade de partículas de erosão do solo desde 1963 (data da $^{\text{precipitação máxima de 137 Cs}}$) até a data da análise das amostras. A espectrometria gama permite medir o nível de energia radioativa a amostragem de perfis e radiação de ^{137}Cs favorece a quantificação de ^{137}Cs. O modo de operação é mostrado abaixo (Figura 1):

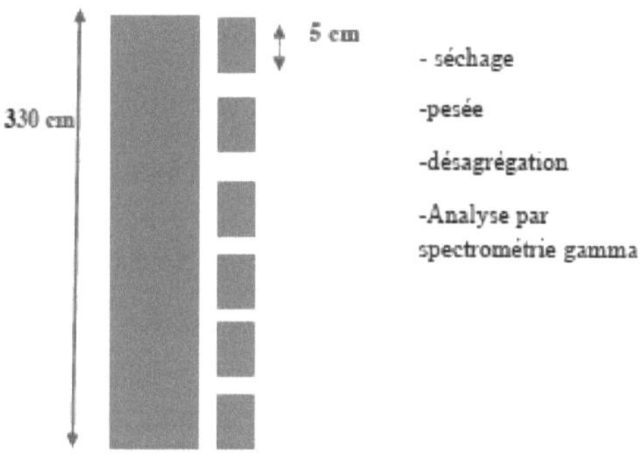

Figura 1: O moda operativo

O métodos Wishmeier e Smith empíricos (1965, 1978) com a fórmula USLE Ou a equação universal de perdas em terra é presente como uma fórmula : TEM = A. E.L. K C. P

TEM : avaliar anual de perdas em terra (tonelada/hectare/ano),

R : fator de agressividade climática ou erosividade da chuva (megajoules.mm/hectare. Hora),

LS : fator topográfico, ele representa a inclinação (S em %) e o comprimento de declive (L em m),

E : carteiro erodibilidade do solos (tonelada . Hectare. Hora/Megajoules. Hectare. Ano),

C : carteiro de cobertor vegetal E das práticas agrícolas ,

P : carteiro do práticas anti-erosivo (cobertura morta, cordas pedregoso, etc.)

Vários autores têm considerado a estimativa empírica da erosão do solo em entre O mundo. Lá maioria de esses autores para são suportado sobre lá fórmulas Desejomeier

E Ferreiro (1965) Em UM objetivo adaptar O configurações de lá fórmula em função áreas de estudo. Dentre esses autores podemos citar: Knisel (1980) com CREAMS, Foster E Faixa (1987) O PPE, Morgan (1995) EUROSEM, Raposa e Todos (1997) com RUSLE, Kinnell em 1998 e Williams e Arnold (2000) com a SWAT.

2.1.2. Técnicas de medição ao nível dos cursos de água e técnicas de medição ao nível dos depósitos ou reservatórios dos lagos

Técnicas de medição ao nível do curso de água . Transporte em solução ou suspensão e transporte pelo fundo são as técnicas aplicáveis para a estimativa qualitativa da erosão hídrica ao nível do curso de água (Abir, 2013; Descroix et al., 1997, p. 05; Mazour & Roose, 1996, p. 05).

Técnicas de medição no nível de depósitos de lagos ou reservatórios . O método de batimetria pode ser aplicado para quantificar depósitos de lagos ou reservatórios (Moukhchane , 2002; Rampon , 1990; Sabir, 1986a, p. 150).

2.2. O métodos qualitativo de erosão água

Vários métodos qualitativos são distinguidos para a descrição de formas de erosão. água. Dentre esses métodos podemos citar: lá descrição do formas de erosão, erosão potencial, lá simulação de chuva, O fotografias sensoriamento aéreo e remoto, suscetibilidade magnética de partículas do solo, diretrizes PAP/CAR e método de agregação.

2.2.1. Lá descrição do formulários de erosão

Lá descrição do formas de erosão é feito por descrição de lá mapa geomorfológico. O mapa geomorfológico permite distinguir os diferentes tipos de relevos geomorfológicos do área de estudo : O estruturas litológico, segundo O tipos de pedras permitir para determinar os tipos e o nível de alteração dos tipos de rochas representadas. Dados tectônicos, morfológicos e símbolos que determinam A diferente tipos de erosão (Mapa 1). O estudo diacrônico permitir de acompanhar a evolução das estruturas no tempo e no espaço.

2.2.2. Erosão potencial

Erosão potencial é baseado no sobreposição do cartografias temas de fatores de erosão e em adicionando o códigos. Como exemplos de fatores da erosão podemos citar a litologia, declive, uso do solo, agressividade de precipitação, etc. O nível de erodibilidade do materiais de alteração Leste aula de 1 a 5 dependendo dos tipos de rochas e sua durabilidade. As encostas são classificadas de 1 a 5, 1 para O encostas nulo Ou muito fraco E 5 Para O encostas muito alto (superiores) tem 35%). Isto método presentes do limites relacionado No codificação do classificações Quem para limite tem uma sequência aritmética e a interdependência dc fatores (Adamou & Maîga , 2011).

2.2.3. Lá simulação de chuva E O fotografias aéreo E lá sensoriamento remoto

Lá simulação de chuva . Ela análise O comportamento de chão de acordo com do métodos de simulação. Esta técnica é mais confiável para o estudo comparativo de reações de diferente tipo de solos. Ela disposto de emitir de extrapolação sobre de grande superfícies (BRGM & Bufalo, 1990; Stéphanie,

1994).

Fotografia aérea e sensoriamento remoto . Permite a análise diacrônica da evolução das formas de erosão, do movimento dos sedimentos, dos dados cartográficos do fatores de erosão (Dubucq , 1986; Laganier , 1994, pág. 18; Paulo-Hus, 2011; Puech et al., 2006; Raclot et al., 2005).

2.2.4. Lá suscetibilidade magnético do partículas de chão

Esta técnica é aplicável em áreas com clima mediterrâneo ou estações contrastantes usando o método de fersialitização . Baseia-se nas propriedades magnéticas do ferro para avaliar o nível de erosão do solo. As amostras são submetidas tem lá suscetibilidade MS2B, No campo magnético **H** (H = 0,1 mT; militesla) E tem a agulha magnetizado **Senhor.** Lá curva de suscetibilidade magnético

$$(x = \frac{M}{H}, x = 10^{-8} m^3/kg)$$

$10^{-8} m^3 / kg$) dependendo da profundidade (cm) permite medir o estado de erosão entre diversos áreas (Figura 2).

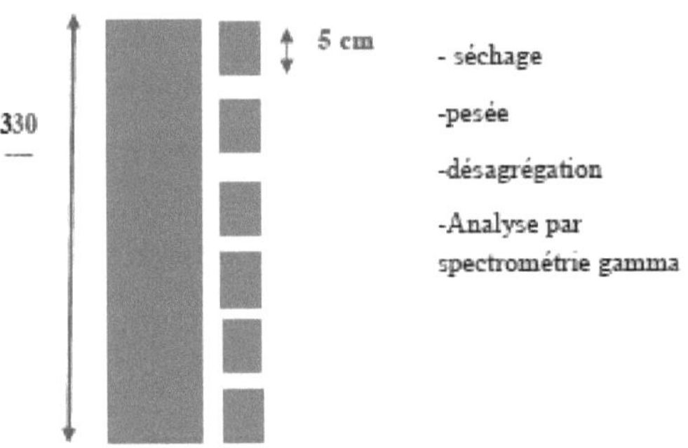

Figura 2: Moda operativo

2.2.5. do PAP/CAR (Programa de Acção Prioritário do Centro Regional de Actividades para a Região Mediterrânica)

Consiste em três fases que são: uma fase preditiva que permite completar o mapa de estados de erosão, uma fase descritiva que é um mapeamento das formas de erosões reais existentes e uma fase de integração que permite desenvolver o mapa de erosão consolidado de acordo com o PAP/CAR. O mapa de estados de erosão resulta da superposição de lá mapa de erodibilidade e lá proteção de chão por lá vegetação de acordo com códigos bem definidos (Tabela 1, 2).

Pintura 1: Aula de encostas

Código	Classe de altitudes: 749m- 125m
1	Muito fraco ou nulo 100- 200
2	Fraco 200-300
3	Média 300-400
4	Aluno 400-700
5	Extremo 700-800

SAMPEBGO TEM. TEM, 2024

1: fluxo de água muito baixo ou inexistente, 5: fluxo extremo acelerado pela inclinação, que é um fator importante.

Pintura 2: Aula lito- fácies

Classe Litho-fácies (Code- litho)	Tipo de material
1	Rochas compactas, não alteradas, fortemente cimentadas, afloramento de arenito, calcário
2	Rochas ou solos coesos, fraturados, moderadamente alterados
3	Rochas sedimentares, argilosas, OS solos são fortemente ou moderadamente compactos
4	Rochas pouco resistentes, fortemente alteradas
5	Sedimentos ou rochas móveis, Não coesivos, materiais detríticos

SAMPEBGO TEM. TEM, 2024

A matriz de erodibilidade do solo (PAP/CAR) (tabela) permite a disposição do mapa de erodibilidade em cinco classes (Tabela 3).

Pintura 3: Matriz de erodibilidade de solos (PAP/RCA)

Classe de declive (GID-CODE)	Lito-fácies (Code- litho)				
	1	2	3	4	5
1	1	1	1	1	2
2	1	1	2	3	3
3	2	2	3	4	4
4	3	3	4	5	5
5	4	4	5	5	5

SAMPEBGO TEM. TEM, 2024

Para uma baixa inclinação do código 1 a implementação movimento de partículas ocorrem apenas em materiais do tipo 5 muito finos e não coesos, enquanto que para uma encosta íngreme a erosão afetar pela mesma intensidade as litofácies do código 4 e 5 (Tabela 4).

Pintura 4: Graus de erodibilidade de solos (PAP/RCA)

Classes: (Erodibilidade do código)	Graus de erodibilidade
1	Fraco
2	Moderado
3	Média
4	Forte
5	Extremo

SAMPEBGO TEM. TEM, 2024

A proteção do chão pela vegetação depende da natureza do uso da terra e de lá densidade de recuperação. Lá aula ocupação de chão Leste organizado em seis (06) aulas como observado Em O pintura 5 .

Pintura 5: Aula código ocupação do solos

Classe: (Código da ocupação)	Ocupação dos solos
1	Terra nua
2	Cultura
3	Habitação
4	Arborizada ou arbustiva
5	Galeria florestal
6	Floresta limpa

SAMPEBGO TEM. TEM, 2024

O mapa de densidade da cobertura vegetal da A bacia hidrográfica é composta por quatro (04) classes (Tabela 6).

Pintura 6: Código abordado vegetal

Aulas: (Código-capa)	Grau de cobertura vegetal:
1	Inferior tem 25%
2	25% - 50%
3	50%- 75%
4	Superior tem 75%

SAMPEBGO TEM. TEM, 2024

A aplicação da matriz de proteção do solo permite a criação do mapa de proteção do solo em cinco classes, de muito baixa a muito alta (Tabela 7, 8).

Pintura 7: Matriz de proteção solos

Ocupação do solo: (Grau-ocupação)	Grau de cobertura vegetal: (Código-(para cobrir)			
	1	2	3	4
1	5	5	4	4
2	5	5	4	3
3	3	2	1	1
4	4	3	2	1
5	5	4	3	2
6	5	4	3	2

SAMPEBGO TEM. TEM, 2024

Pintura 8: Aulas de grau de proteção do solos

Aulas: PAP/CAR	Grau de proteção dos solos
1	Muito aluno
2	Aluno
3	MÉDIA
4	Fraco
5	Muito fraco

SAMPEBGO TEM. TEM, 2024

A aplicação da matriz estados erosivos dos solos permite estabelecer o mapa de estados erosivo em cinco aula de erosão muito fraco tem erosão muito aluno (Pintura 9, 10).

Pintura 9: Matriz do estado erosivo do solos

Matriz do estado erosivo dos solos					
Grau de proteção dos solos:	Grau de erodibilidade:				
	1	2	3	4	5
1	1	1	1	2	2
2	1	1	2	3	4
3	1	2	3	4	4
4	2	3	3	5	5
5	2	3	4	5	5

SAMPEBGO TEM. TEM, 2024

Pintura 10: Codificação do estados erosivo

Aulas: PAP/CAR	Grau dos estados erosivos
1	Erosão muito fraca
2	Erosão fraca
3	Erosão notável
4	Erosão pupilar
5	Erosão muito pupilar

SAMPEBGO TEM. TEM, 2024

O mapa de erosão consolidado de acordo com PAP/CAR é baseado no mapeamento do mapa de estado de erosão e no mapa de erosão real existente. Erosão em lâmina, ravinas superficiais (ravinas, ravinas), ravinas profundas (ravinas) e movimentos de soliflução.

3. AVALIAÇÃO DA EROSÃO HÍDRICA PELO MÉTODO DE AGREGAÇÃO: CASO DE ABAIXO BACIA DECLIVE DE NARIARLE, BACIA DE NAKANBE NO BURKINA FASO

3.1. Apresentação de lá área de estudo

A bacia hidrográfica de Nariarlé está localizada na latitude 12°12'54.03" norte e longitude 1°19'46.57" oeste de Burkina Faso (Mapa 2). É definida como uma entidade geográfica global E coerente Para um gerenciamento de lá recurso em água (Boismartel , 2012, p. 06). A bacia hidrográfica do Nariarlé é uma sub-bacia do Nakanbé (uma das bacias nacionais do Burkina Faso). Limita-se ao leste pelo Nakanbé , a oeste pelo Nazinon , ao norte pelo Massili e ao sul pelo Pendjarie . A bacia hidrográfica do Nariarlé abrange sete (07) comunas: quatro da região central (Koubri , Saaba , Komsilga e Ouagadougou) e três da região centro-sul, da província de Bazèga (Saponi, Kombissiri e Boulgou).

Mapa 1 : Situação de lá área de estudo

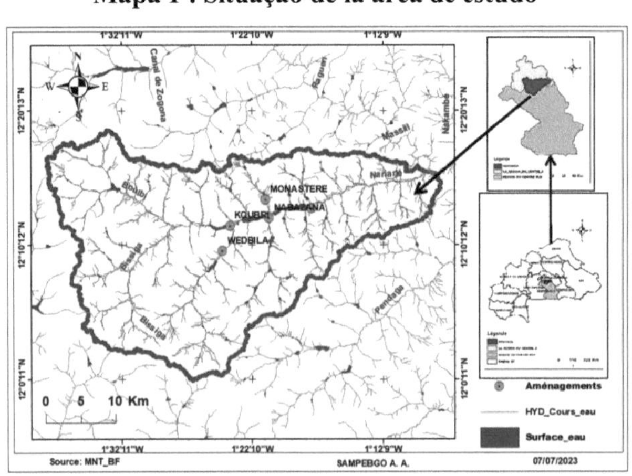

3.2. Metodologia

A avaliação do formas e do processo de erosão pelo método de agregação é baseado no quinto relatório do IPCC. A técnica requer quatro métodos:

A estrutura de uma cadeia de impacto, portanto o objetivo é **determinar e priorizar os fatores de erodibilidade** (Figura 3). Pode ser organizada em torno dos seguintes fatores de acordo com os objetivos do estudo:

- Carteiro de proteção do solos
- Fatores topográfico (a inclinação Ou lá comprimento de lá declive).
- O fatores climático (O perigos clima Ou O configurações extremo clima) .
- O fatores antropogênico tal que O práticas anti- erosivo.
- O fatores pedológico.

Lá método de padronização. O indicadores são padronizado em usando lá

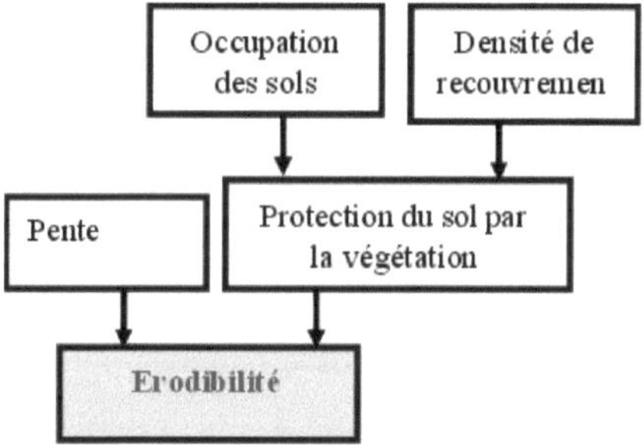

Figura 3: Estrutura da cadeia de agregação aritmética da erosão na sub-bacia hidrográfica de Nariarlé

$$Tn_{i,0/1} = \frac{X_i - X_{min}}{X_{max} - X_{min}} \quad \textbf{Eq. 1}$$

O método de agregação. Permite um estudo comparativo do nível de erodibilidade. Agregação é definida como uma combinação de informações de diferente indicadores em UM indicador composto (CI) abaixo lá forma de um componente exclusivo (GIZ, 2021, pág. 122).

$$IC = \frac{(I_1 \times W_1 + I_2 \times W_2 + I_3 \times W_3)}{\sum_1^n W}$$ **Eq. 2**

C Leste O coeficiente atribuído tem o indicador. Mapeamento de formas e processos de erosão reais por GIS (Google Earth)

O rede hidrográfico Leste o todo do curso de água natural Ou artificiais, permanentes ou temporários que drenam as águas de uma bacia hidrográfica em direção à saída (Yaméogo , 2021, pág. 86). Água Leste seg do principal agentes climático de erosão desenvolvimentos de irrigação na bacia hidrográfica de Nariarlé . A caracterização do A rede hidrográfica da bacia hidrográfica do Nariarlé é gerada pelo Modelo Digital do Terreno (MDT). Os parâmetros utilizados são: a área (S), o perímetro (P), a hierarquia, o índice de Gravelius-Gra ... também chamado de índice de forma (Kg), lá densidade de drenagem (Dd) **.** Esses parâmetros são determinados automaticamente usando o software QGIS. As características As características físicas da sub-bacia hidrográfica de Nariarlé são obtidas por sensoriamento remoto. É uma disciplina científica que permitiu reunir todos os conhecimentos e técnicas para a observação, análise, interpretação e gestão do ambiente da sub-bacia, a partir de medições e imagens (DEM, sentinela 2) obtidas usando a plataforma de download Copernicus/open hub. O sensoriamento remoto permite a aquisição de informações remotamente, sem contato direto com o objeto estudado (Bendjoudi & Hubert, 2002, p. 14; Chamaillé , 2008, p. 10; Forsing et al., 2008, p. 03; Ozer & Karimoune , 2009, p. 06). As bandas espectrais mais discriminantes são selecionadas para facilitar e otimizar a classificação. Os satélites SPOT podem detectar objetos de cerca de dez metros de tamanho em cada uma das imagens de 60 quilômetros de largura.

Imagens adquiridas pelo SPOT 5 (lançado O 4 de maio 2002 por o foguete Ariane 4) são usado Para o desenvolvimento do mapa detalhado de uso do solo e cobertura vegetal. O Banco de Dados Topográfico Nacional (BNDT) tornou possível identificar localidades, limites administrativos, redes rodoviárias, superfícies de água e ravinas de empreendimentos de irrigação (IGB, 2015). Os tipos de empreendimentos de irrigação correspondem à sub-bacia hidrográfica de Nariarlé , cujos pontos de saída foram gerados a partir do banco de dados do diretor regional de agricultura e desenvolvimentos hidráulicos e dados técnicos do escritório de design do ONBAH (DRAHDI/MAAH, 2020).

3.3. O moda de determinação E de cálculo hidrológico

- **Lá área E O perímetro de bacia hidrográfica**

A delimitação e o cálculo da(s) área(s) da bacia hidrográfica foram feitos utilizando o software ARCGIS do DTM. O perímetro da bacia hidrográfica (P) representa lá comprimento de lá linha de compartilhamento do águas delimitando O bacia (Banguemzanre , 2007, pág. 28). Ele tem verão determinado tem deixar de lá delimitação sobre Software ARCGIS da Burkina SRMT MNT.

- **O índice de Gravelius-Gra ... Ou dica de forma kg**

Isso é uma pista Quem permitir de definir lá forma do divisor de águas. Na verdade, se Kg é igual tem 1, nós ter para fazer em UM bacia hidrográfica circular, caso contrário Kg > 1 e tanto maior quanto mais alongada for a bacia hidrográfica (Eq. 1).

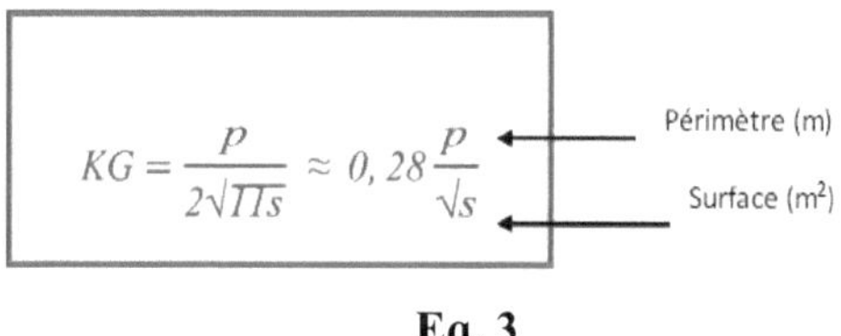

Eq. 3

• **Lá comprimento (E) E lá largura (E) de bacia hidrográfica**

$$L = \frac{p + \sqrt{p^2 - 16s}}{4}$$

Eq. 4

• P: perímetro (m)

• S : superfície (m ^{2})

$$l = KG\frac{\sqrt{S}}{1.128}(1 - \sqrt{1 - (\frac{1.128}{KG})})$$

Eq. 5

• **Lá densidade de drenagem (D)**

É definida como a razão entre o comprimento total da rede hidrográfica e a área de superfície da bacia hidrográfica. Dá uma indicação da importância escoamento através da bacia hidrográfica. O comprimento total dos córregos que drenam a bacia hidrográfica foi medido usando o software ARCGIS.

• **Lá declive média (EU)**

A inclinação média Leste dados por lá fórmula próximo :

$$I = \frac{\Delta H_{max}}{L_{cours\ d'eau}}$$

Eq. 6

P média : declive média de curso de água [km/km] ;

Δ H máx. : elevação máxima do rio [m] (diferença de altitude entre o ponto

mais distante e a foz);
eu : comprimento de curso de água principal [km].

3.4. O métodos delimitação do instalações irrigação

As sub-bacias de Nariarlé (Boussouma , PK25, Wédbila , Monastère , Nabazana) correspondem aos tipos de instalações de irrigação. As sub-bacias e suas redes hidrográficas são criadas automaticamente pelo software QGIS. Os cursos de água são classificados autonomamente de acordo com o método Strahler:
- Todos curso de água não tendo não afluente Leste disse de ordem 1

- Para confluências de dois curso de águas de até ordem " **não** " , O curso o resultado da água é da ordem de " n + 1 "
- Um riacho que recebe um tributário de ordem inferior mantém sua ordem O pontos saídas do abaixo bacias corresponder para detalhes de contato geográfico do instalações hidráulica do perímetros irrigado (Pintura 12).

Pintura 11: detalhes de contato do saídas de acordo com O locais

Pontos de saída	Latitude	Longitude
KOUBRI PK 25	12.19	- 1,39
CASAMENTO	12.16	- 1,40
NABAZANA	12h20	- 1,34
MOSTEIRO	12.22	- 1,35
BOUSSOUMA	12.21	- 1,29

Fonte : DRAH/HAAH SAMPEBGO E. E., 2023

Lá O controle da água é um dos elementos determinantes para garantir a produção agrícola. Este controle requer um bom conhecimento dos regimes hidrológicos E mais particularmente O características do inundações excepcional E baixos níveis de água. As contribuições excepcionais da água de escoamento reorganizam a rede hidrográfica

3.5. Lá hierarquia de rede hidrográfico de bacia declive de Nariarle

A organização da rede hidrográfica da bacia hidrográfica do Nariarlé é gerada automaticamente pelo software ARCGIS usando o método Strahler (1952). De acordo com os tipos de organização dos canais fluviais de Derruau (1974) a bacia declive Leste do tipo canais anastomosado. O rede hidrográfico a UM aspecto dendrítico, Isso é um conjunto de curso de água ramificado, o mais freqüente em um ambiente de erosão uniforme normal, "o tipo dendrítico corresponde ou a sedimentos uniformemente resistentes, horizontais ou chanfrados por uma superfície horizontal, ou a rochas cristalinas cuja inclinação é geralmente leve". A hierarquia da rede hidrográfica da bacia hidrográfica de Nariarlé (mapa 3).

Mapa 2: a organização de rede hidrográfico de bacia declive de Nariarle

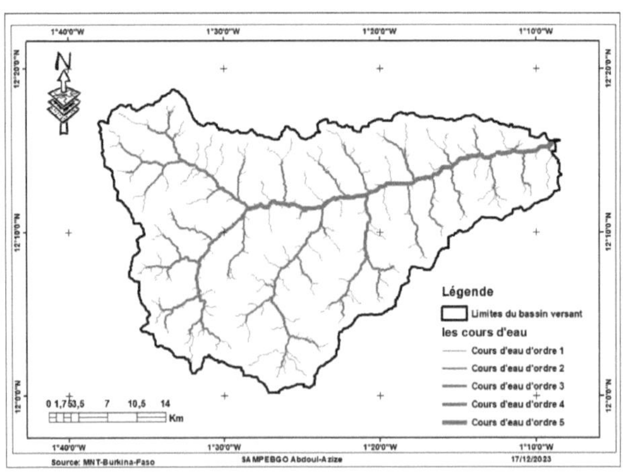

Lá forma de rede hidrográfico pode ser dar por do fórmulas empíricas de relatório de confluência $RC = \frac{N_n}{N_{n+1}}$ Eq. 2) E O relatório de Comprimento RL $RL = \frac{N_n}{N_{n-1}}$ (Eq. 3) nomeado O leis de Horton. O resultados de esses dois pistas para presente

Em O pintura abaixo (Pintura 13).

Pintura 12: O resultados do relatórios de confluência E de comprimento de bacia hidrográfica

Ordem do curso de água	Número do curso de água (L n)	O relatório de confluência (RC)	Comprimento (Li ; Quilômetros)	O relatório de comprimento (R li)
1	357	1,63	404.15	2.6
2	219	3,65	154,86	2,77
3	60	1.13	55,85	1,79
4	53		31.18	0,74
5	109	1,81	42	
O	798	2,5 < Rei < 5	688,04	

SAMPEBGO PARA. PARA., 2023

O bacia Leste de tipo circular, UM rede dendrítico tipo carvalho com do ramificação bem desenvolvida e espaçamento regular das confluências.

Pintura 13: características hidrológico de bacia declive

Características		Valores	Unidades
Coordenadas geográficas	X	681.733	Quilômetro
	E	1350,88	Quilômetro
Área	TEM	1060,71	Km 2
Perímetro	P	209	Quilômetro
Duração do curso de rede de água	eu	404.15	Quilômetro
Altitudes	Máximo: Z máx.	356	eu
	Mínimo: Z min	257	eu
	Ganho de elevação : Δz	99	eu
Declive: ΔZL	S	0,24	
Densidade de drenagem	∑ n L Li Dd = i=TEM	0,64	Km/km2
Sugestão de compacidade	Eu entendo = 0,282. P.S - 1/2	1.809	
Equivalente retângulo	L = S 1/ 2 . (I comp / 1.128). [1 + (1 - (1.128/ I comp) 2) 1/2]	93,04	Quilômetro
Dica geral de declive	H 5% − H 95% Ig = A equação	0,72	m/km
Ganho de elevação específico	DS = Ig . √ A	24.10	eu

SAMPEBGO TEM. A. 2023

O resultados observado são : baixo dinamismo e escoamento da bacia que é explicado pela geologia, características topográficas, condições climatológicas e geomorfológicas da bacia, A densidade de drenagem da bacia hidrográfica de Nariarlé é de 0,64. Ela expressa a razão entre o comprimento total dos cursos d'água permanentes e temporários (Li=688 km) e a área de superfície da bacia hidrográfica (A=1060,7139 km ^{2}) , A número total do curso de água de bacia declive de Nariarle (E n) Leste de 798 sobre uma área de 1060,7 km2 . A densidade hidrográfica da bacia corresponde a 0,75 km2 . Esses resultados testemunhar que O bacia declive de Nariarle descansar sobre um rocha-mãe muito permeável, pouca cobertura vegetal e relevo pouco acentuado (Tabela 14).

3.6. Erodibilidade de abaixo bacia hidrográfica

O vulnerabilidades tem erosão de abaixo bacia hidrográfica Leste deduzido por lá taxa de alteração ou friabilidade da bacia e proteção do solo pela vegetação.

3.6.1. Lá declive

Quanto maior a declividade da bacia, mais ela cria condições desfavoráveis à irrigação e vice-versa. (Tabela 15).

Pintura 14 : : Padronização do altitudes

O instalações de irrigação	Altitude	Altitude média	Valor normalizado	Nível de vulnerabilidade
Boussouma 1	267-356	311,5	0,67	Fraco
Mosteiro	277-323	300	0	Muito fraco
Nabazana	270-356	313	0,76	Média
Koubri	273-356	314,5	0,85	Aluno
Wedbila	280-354	317	1	Muito aluno

SAMPEBGO TEM. TEM., 2023

Os resultados do estudo revelam que as altitudes mais elevadas são as mais desenvolvidas de Wedbila , PK25. Nabazana registros um altitude média, aquele Boussouma e o Mosteiro representam os mais fracos.

3.6.2. Lá proteção do chão por lá vegetação

A proteção do solo pela vegetação depende da natureza do uso da terra e da densidade de cobertura. O mapa de proteção do solo é produzido pela sobreposição do mapa de uso da terra e do mapa de densidade de cobertura.

- **Mapa ocupação de chão**

Mapa de uso do solo revela forte pressão demográfica sobre os recursos características naturais dos sistemas de irrigação (Mapa 4). A análise comparativa do mapa de uso do solo de 2017-2022 mostra uma extensão das áreas construídas 40,14%, aumento da taxa de degradação do solo de 37,35%, um aumento da área agrícola irrigada de 45,51%. Em oito (08) anos, os empreendimentos irrigados sofreram desmatamento de 108 ha (08,21%) e redução dos reservatórios de água de 484,8 ha (23,07%), refletindo o desaparecimento de alguns cursos d'água nos empreendimentos. A expansão da população rural, o aumento das necessidades de famílias, empobrecimento, baixa aquisição de ferramentas e técnicas de irrigação eficientes impactam no aumento dos riscos climáticos.

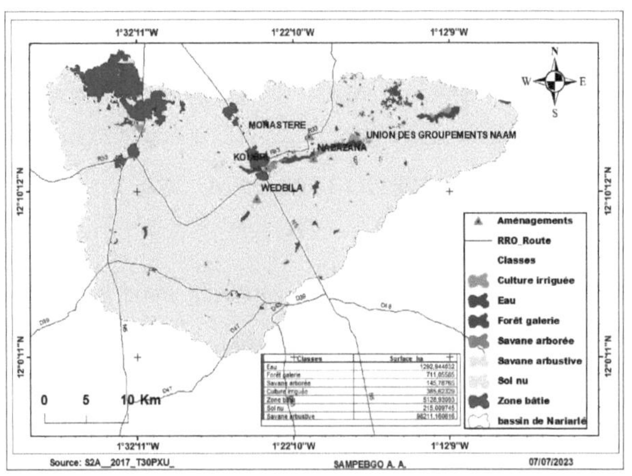

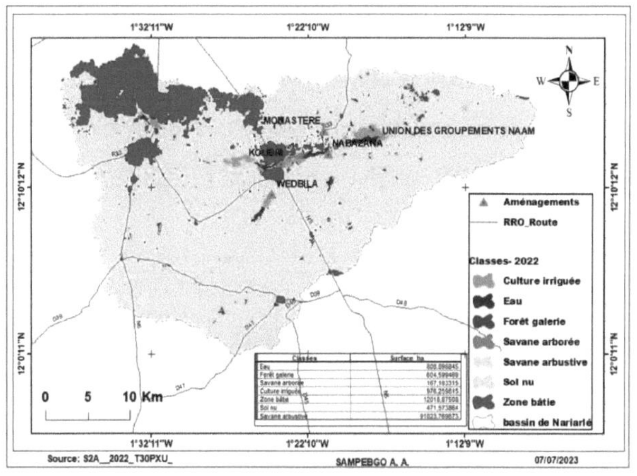

Mapa 3: Ocupação do solos

O nível de ocupação do solo dos diferentes esquemas de irrigação é determinado de acordo com a área ocupada pelas classes ou indicadores de ocupação. valor padronizado do instalações Leste obtido em Calculando lá média do min-max dos indicadores (Tabela 16).

Pintura 15 : O nível ocupação de chão

O instalações de irrigação	Valor normalizado	Nível de ocupação
Boussouma 1	0,169	Média
Mosteiro	0,148	Fraco
Nabazana	0,176	Aluno
Koubri	0,204	Muito aluno
Wedbila	0,145	Muito fraco

SAMPEBGO AA, 2023

- **Lá densidade de recuperação Ou avaliar de cobertura vegetal**

O abaixo bacia hidrográfica de Nariarlé é um área de savana por Excelência (Mapa 5). Os tipos de vegetação encontrados: a mata de galeria que ocupa 16,6% do bacia (16,6 %), lá savana arborizado (32.08 %), lá savana arbustivo (28,3 %), lá savana gramado (23%).

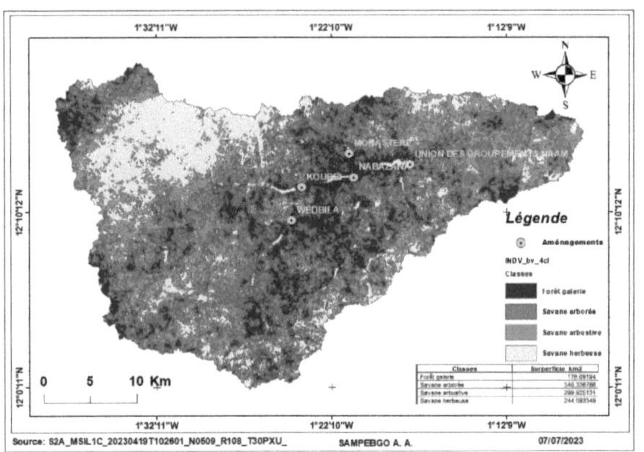

Mapa 4: Cobertura vegetal da sub-bacia hidrográfica do Nariarlé

Tabela 16: Agregação do densidades recuperação por coeficiente

OS SÍTIOS	S	Densidade de recuperação				Valor acordado	Uso da terra (Valor normalizado)	Valor de vulnerabilidade (normalização inversa)	Nevada
		Floresta galeriae	Sava não arborizado	Savana e arbusto ive	Savana e uso de grama				
		4	3	2	1				
Boussoumeu 1	854	0,69	0,9	0,26	0,18	0,19	0,16	0,84	Aluno
Mosteiroe	21.67	0,8	1.41	0,4	0,05	0,24	1	0	Muito fraco
Eles se conhecem	679	0,60	0,84	0,52	0,28	0,2	0,33	0,67	Média quatro
Koubri	450,1	0,39	0,72	0,54	0,246	0,18	0	1	Muito aluno
Wedbila	148,6	0,76	1.11	0,56	0,14	0,23	0,83	0,17	Fracoe

SAMPEBGO AA, 2023

E : Área (em km ^{2})

NV : Nível de vulnerabilidade

Os resultados mostram que os empreendimentos do Mosteiro e de Wèdbila têm uma alta eficiência de ocupação com uma alta densidade de cobertura. Eles são menos suscetíveis a riscos climáticos (Tabela 17). O mapa de proteção do solo é obtido pela sobreposição do mapa de ocupação e do mapa de cobertura vegetal usando o método de agregação (Tabela 18).

Pintura 17: Agregação de lá mapa de proteção de chão

Instalações de irrigação	Uso da terra	Cobertura vegetal	Valor agregado	Nível de vulnerabilidade de proteção de piso
Boussouma 1	0,16	0,84	0,5	Aluno
Mosteiro	0,14	0	0,07	Muito fraco
Nabazana	0,17	0,67	0,42	Média
Koubri	0,20	1	0,6	Muito aluno
Wedbila	0,14	0,17	0,15	Fraco

SAMPEBGO AA, 2023

3.6.3. Lá mapa de erodibilidade do instalações irrigação

O nível de erodibilidade dos sistemas de irrigação (Mapa 6) é determinado estatisticamente por agregação do valores padronizado de lá declive E de proteção do solo (Tabela 19).

Pintura 18 : O nível de erodibilidade do instalações de irrigação

Instalações de irrigação	Valor normalizado e da inclinação	Valor normalizado e proteção de piso	Valor da erodibilidade	Nível de vulnerabilidade de erodibilidade
Boussouma 1	0,67	0,5	0,58	Média
Mosteiro	0	0,07	0,03	Muito fraco
Nabazana	0,76	0,42	0,59	Aluno
Koubri	0,85	0,6	0,72	Muito aluno
Wedbila	1	0,15	0,57	Fraco

SAMPEBGO AA, 2023

O nível de erodibilidade permanece alto para os empreendimentos de Nabazana e Koubri . É médio para os empreendimentos de Boussouma e, respectivamente, baixo e muito baixo para os empreendimentos de Wédbila e Monastère .

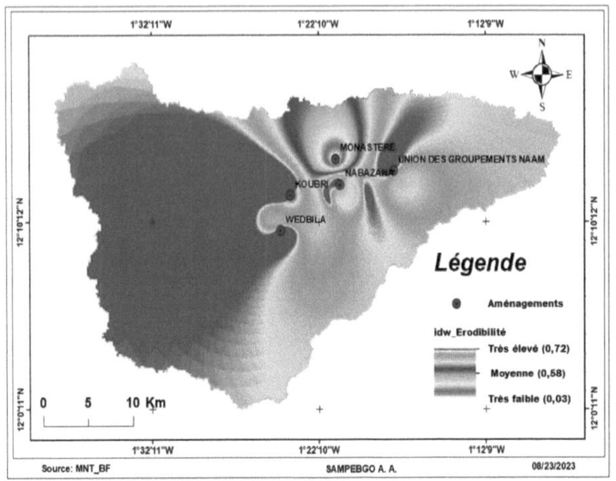

Mapa 5 : Erodibilidade do instalações irrigação de abaixo bacia hidrográfica de Nariarle

3.7. Formulários E processo de erosão real

O instalações irrigação de bacia declive de Nariarle são confrontado para os diferentes processo de erosão relacionado para perigos climático. Esses processo são tem a origem das formas atuais de erosão observadas na bacia (Mapa 7): erosão laminar, de sulcos, de ravinas e **erosão por cursos de água** . A água é um dos principais agentes climáticos de erosão das instalações de irrigação da bacia hidrográfica do Nariarlé . Erosão água do instalações começar por o impacto do gotas de chuva no solo, estes são os primeiros movimentos das partículas do solo. As gotas de chuva se chocam contra o solo, cavando uma cratera e injetando constituintes do solo vários centímetros ao redor: este é o efeito splash. A distância percorrida depende de lá tamanho de lá gota, de o ângulo de incidência Por isso que de a inclinação de lá declive de lá superfície de chão. Energia do gotas do chuvas fazer explodir O agregados E mostre a eles estruturas de chão. Ela espalhado O partículas E lá turbulência provoca por o impacto do martelando provoca um destruição, um reorganização E um redistribuição partículas multas entre o partículas grosso. O partículas multas são treinado nas porosidades e depositados nas micro depressões. Este processo de agressividade do solo causas lá aposta em lugar de um crosta argiloso chamado crosta de batendo entre o parcelas de arranjos. Lá crosta de batendo argiloso Trens O escoamento do solo que começará a erodir e transportar partículas.

Mapa 6: erosão real de bacia hidrográfica de Nariarle

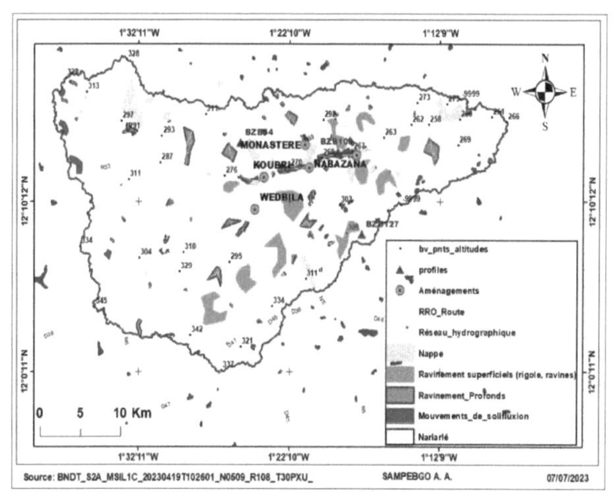

O escoamento carrega mais partículas de solo em uma crosta argilosa do que em uma superfície com agregados intactos. O escoamento gradualmente desnuda a superfície do solo: **esta é a erosão em lâmina** . Depende da inclinação, da intensidade da duração da precipitação, da estabilidade estrutural do solo e da resistência do partículas para erosão. Erosão em toalha de mesa também chamado erosão pelicular é uma erosão incisa e marca uma erosão intensa da bacia hidrográfica. Empobrece os solos em elementos finos e nutritivos para culturas irrigadas que estão lutando para crescer. A remoção do solo também nega as raízes das árvores, que podem ser arrancadas sob a ação de vento (Foto 2). Ela Leste localizado no nível do planícies No chão hidromórfico e pseudogley , No redondo do campos de mas para altitudes 680327,57 E E 1350700,45 N (BZB 111) ; do esmalte No chão ferruginoso tropical lavanderia endurecido profundo abaixo savana arborizada e limpa, localizada em 679796,83 E e 1337316,28 N (BZB 170).

Foto 2: desenraizamento do árvores

A erosão laminar também é observável na encosta inferior do solo marrom eutrófico dos campos de amendoim (mapa 8) localizado em 695499,5 E e 1355149.22 (BZB 85) E sobre O esmalte superior de 659572,19 E E 1349715,94 (BZB 043) caracterizado por um solo tropical ferruginoso raso, endurecido e lixiviado de campos de milheto sob savana arbustiva com afloramentos rochosos (couraça).

Mapa 7: localização do perfis

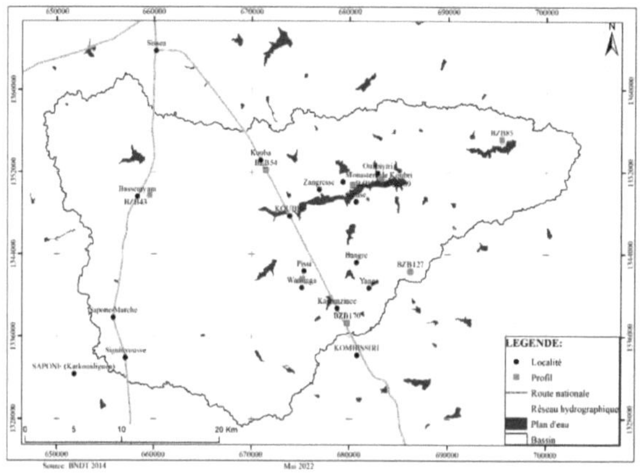

SAMPEBGO AA 02/06/2022

A erosão em sulcos é a primeira forma de incisão e escavação linear de solos (Imagem 3). Ocorre quando há irregularidades na superfície do solo, muitas vezes devido a métodos de cultivo (Sabir, 1986b, p. 10). Localiza-se ao nível das encostas médias e baixas de solos ferruginosos tropicais lixiviados com mancha e concreção, quase planos com drenagem moderada (BZB 127, 109,). Vários tipos de sulcos são observados dependendo da forma de incisão e dos tipos de solos: Canais de cavalo único: apresentam incisões isoladas e estão principalmente ligados à topografia. UM descendente para cria seguindo um depressão deitado Ou sobre do terras cultivadas sob aração em curvas de nível. Canais paralelos: têm incisões paralelas, são observáveis sobre do terras arado seguindo lá declive. O descendentes esquerda por A aração servirá como um canal de drenagem para a água que continuará a escavá-los. Valas ramificadas ou peludas : são observadas em terras cultivadas naturalmente. As valas ramificadas ou peludas são geralmente apagadas após a aração. Elas desempenham um papel muito importante na perda de solo e transporte de partículas de nutrientes do solo irrigado.

Foto 3 : erosão numa sarjeta

SAMPEBGO AA 02/06/2022

Quando o escoamento nos riachos se intensifica, eles se tornam um fluxo e adquirem de a energia que ele permitir de escavação mais profundamente notavelmente sobre os pisos enfraquecido E trabalhado por O trabalho. A evolução do calhas fazer nascer do ravinas. Essas ravinas também são observadas após uma dissecação profunda do solo, criando uma ruptura repentina a encosta. Os canais evoluem para ravinas conforme a declividade, sob o efeito da intensidade das chuvas sucessivas (Imagem 4).

Foto 4 : ravinas

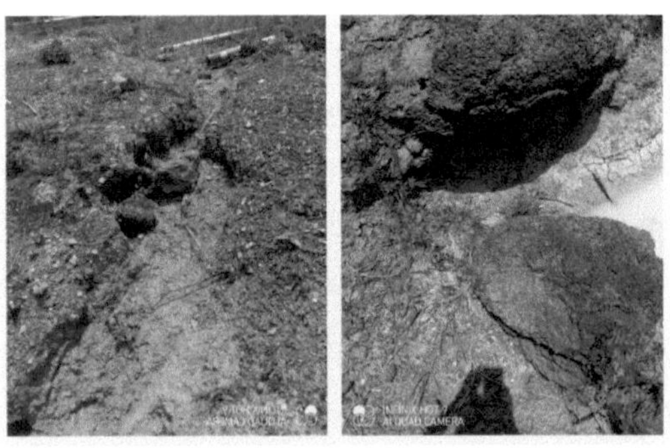

SAMPEBGO AA 02/06/2022

O estudo da bacia hidrográfica mostra a presença de ravinas. Essas ravinas são devidas à evolução de canais e ravinas. O fluxo de água faz com que aumentem em profundidade e largura.

Foto 5: erosão pelo curso de águas

SAMPEBGO AA 02/06/2022

Erosão por cursos de água. Manifesta-se por uma descarada do banco do costa côncavo E UM deslizamento de lá banco de lá banco convexo. Erosão pelos cursos de água mais importantes observam-se desenvolvimentos de irrigação a montante E em rio abaixo do represas. Que testemunha do deficiências do estudos de construção desses reservatórios de água. A erosão também é feita por ablação dos fundos de acordo com a capacidade do curso de água tem criar Ou tem carregar isso é cobrar de sedimentos. Ela depende de lá velocidade da corrente e sua energia (Imagem 5). O estudo das erodibilidades reais da bacia hidrográfica de Nariarlé em Koubri mostra que os esquemas de irrigação em Burkina Faso estão sujeitos à erosão hídrica. Erosão água tem verão identificado como seg do elementos principais de lá degradação de solos cultivável do bacia encostas (Avakoudjo E outros, 2015, pág. 02; Dugue, 2007, p. 37; YAAGOUB et al., 2016, p. 43). De acordo com (Duchemin et al., 2004, p. 31) a taxa de erosão do solo mudará em resposta às mudanças climáticas. Ela afeta negativamente O atributos funcional poros de transmissão E de conservação água E constituir um obstáculo principal Para a realização de autossuficiência comendo da crescente população mundial (Pimentel, 2006). A erosividade das chuvas no Rif O Ocidente sabe um evolução (CHOUCHRI, 2016, pág. 12), de acordo com o projeções climáticas produzidas por quatro Modelos Climáticos Globais de dois cenários. De acordo com (Douaoui e AL, 2004, p. 8) o fornecimento maciço de água não salina durante a primeira chuva contribui para a lixiviação dos sais solúveis e, portanto, para a redução muito rápida da condutividade elétrica da solução do solo. Dois mecanismos intervêm no processo de erodibilidade dos solos das instalações de irrigação em Koubri : o fenômeno de desapego do elementos de terra por o impacto gotas de chuva no solo e o fenômeno do desprendimento. Esses resultados estão de acordo com o trabalho de Dumas J. (1965, p. 03). A integração de sistemas de informação geográfica (SIG) tem a análise do fatores envolvido de erosão presentes muitas vantagens, Sobretudo aqueles relacionado No grande número de resultados relativo (Tribak E outros, 2012, pág. 06). Lá método , apesar de dele limites, trouxe um ajuda importante para tomadores de decisão simular do cenários devolução E planejar o intervenções de luta contra erosão (Yjjou et al., 2014, p. 08).

CONCLUSÃO

Este estudo foi realizado como parte de um documento de tese intitulado "riscos associados às alterações climáticas nos empreendimentos de irrigação na sub-bacia hidrográfica de Nariarlé em Koubri , bacia de Nakanbé , Burkina Faso", que visa desvalorizar O riscos climático do instalações irrigação de abaixo Bacia hidrográfica de Nariarlé em Koubri em Burkina Faso de acordo com o relatório cinco do IPCC. Desenvolvimentos de irrigação No Burquina Faso Faso são confrontado com riscos de erosão relacionado às mudanças climáticas. A variação extrema nos parâmetros climáticos intensifica a exposição das instalações de irrigação aos riscos de erodibilidade. O estudo permitiu conhecer as formas e os processos reais de erosão das instalações em Koubri . A implementação de práticas e técnicas eficazes para adaptação aos riscos climáticos são os melhores meios de combater a erosão hídrica das instalações de irrigação tanto em Burkina Faso quanto na África.

REFERÊNCIAS

Abir, BS (2013). Papel da erosão de ravinas na assoreamento de reservatórios de colinas no Dorsal Tunisiano e Cap Bon [Continental Waters and Society]. Instituto Agronômico Nacional da Tunísia (INAT).

Adamou, MM, & Maîga , O. (2011). Medição do escoamento potencial e erosão na bacia hidrográfica de Boubon (curso médio do rio Níger) . 04.

J. e Schipper, ELF (2014). Anexo II, Glossário do IPCC (p. 201). http://www.ipcc.ch/site/assets/uploads/2018/02/AR5_WGII_glossary_EN.pdf

Avakoudjo , J., Kouelo , TEM. F., Kindomihou , V., Ambuuta , K., & Pecado , B. (2015). Efeito de erosão água sobre O características físico-químico de chão do zonas de erosão (dongas) na Comuna de Karimama no Benim. Agronomia Africana, 27 (2), 127 - 143.

Baguemzanré , KSD (2007). Estudos de desenvolvimento da planície de Tô na província de Sissili (pág. 94) [Memória para obtendo de [diploma em engenharia rural]. 2iE.

Bendjoudi, H., & Huberto, P. (2002). O coeficiente de compacidade de Gravelius : Análise crítica de um índice de forma de bacia hidrográfica. Hydrological Sciences Journal ,47 (6), 921 - 930. https://doi.org/10.1080/02626660209493000

Madeiramartel , Senhor. (2012). Situação de lá área de estudo . 31.
BRGM, & Búfalo, M. (1990). Aplicação da simulação de chuva ao estudo dos processos de infiltração e erosão de terras agrícolas em Lauragais (Hôte Garonne) .44.

Chamaillé , L. (2008). Contribuição do sensoriamento remoto para a detecção de água e caracterização das propriedades da água (p. 78) [Master 2 geomática profissional. « Ciência da Informação Georreferenciada para Controle

Ambiental e Planejamento Regional » (SIGMA)]. Academia de Toulouse.

UNCCD. (2015). Mudanças climáticas e degradação da terra : Conectando conhecimento a questões . 19.

Descroix , L., Guédez, P.-Y., & Poulenard , E. (1997). Métodos de medir da erosão atual : Aplicações no sul dos Pré-Alpes (França) e na Sierra Madre Ocidental (México).

Dubuque , Senhor. (1986). Sensoriamento remoto espacial E erosão do solos : Estudar bibliográfico . 12.

Duque, Senhor., Rousseau, TEM. N., Majdoub , R., & Quilbe , UM. (2004). Impactos efeitos potenciais das mudanças climáticas na erosão hídrica do solo . 37 (04), 32.

Dugue, P. (2007). Erosão E dele mecanismos. Burquina Faso Faso, 37.

Dumas, J. (1965). Relação entre a erodibilidade do solo e suas características analíticas. Orstom Cadernos, 307 - 333.

Feret, J.-B., & Sarrailh , J.-M. (2005). Uso de um dispositivo de medição simples e preciso para o estudo de erosão em Mayotte . https://agritrop.cirad.fr/528996/1/document_528996.pdf

Forsing, J.-M., Roux, E., & Ose, K. (2008). fllVilTlllllenlelltt geografia [lua : Contribuições do sensoriamento remoto, mapeamento e SIG .07.

GIZ. (2021). Guia complementar sobre lá vulnerabilidade : O conceito de risco (pág. 68). Jarraud, M. (2005). Clima e degradação da terra. OMM-No. 989, 34.

Laganier , R. (1994). Contribuição ao estudo dos processos de erosão e riscos naturais nas ilhas do sudoeste do Pacífico (Nova Caledônia e Ilhas Salomão) [Geografia].

Mazour, M., & Roose, E. (1996). Influência da cobertura vegetal no escoamento e erosão do solo em parcelas de erosão em bacias hidrográficas do noroeste da

Argélia . 17.

Mokhchane , Senhor. (2002). Diferente métodos de estimativa de erosão Em O bacia hidrográfica de Nakhla (Ref. Ocidental, Marrocos). Boletim de REDE EROSÃO , 21 , 266.

Ozer, T. TEM. TEM., & Karimoune , Português (2009). Contribuições de sensoriamento remoto no estudo de a dinâmica ambiental da região de Tchago (noroeste de Gouré , Níger) Contribuição de Sensoriamento Remoto no estudo do meio ambiente dinâmica na região de Tchago (noroeste de Gouré , Níger) (p. 12). https://geoecotrop.be/uploads/publications/pub_331_06.pdf

Paul-Hus, C. (2011). Métodos para estudar erosão e gestão de locais degradados na Nova Caledônia.

Puxa, C., Sucateiro, D., & Jacome, TEM. (2006). Do imagens de sensoriamento remoto Para erosão. 04.

Raclot , D., Puech, C., Mathys, N., Roux, B., Jacome, A., Asseline , J., & Bailly, J.-S. (2005). Fotografias aéreas tiradas por drone e Modelo Digital de Terreno : Contribuições para o observatório de erosão Draix . Geomorfologia : alívio, processos, ambiente, 11 (1), 7 - 20. https://doi.org/10.4000/geomorphologie.209

Arrastar, TEM. (1990). Erosão hídrica e sedimentação Em O represas. CEMAGREF , 78 , 08.

Sabir, M. (1986a). Erosão hídrica e sua quantificação. PARIS XI Departamento de HIDROLOGIA e GEOQUÍMICA ISOTÓPICA.

Sabir, Senhor. (1986b). Erosão água E isso é quantificação [Memória de DEA]. Universidade de Paris xiii departamento de hidrologia E de geoquímica isotópico. Samake, O. (2017). Estimativa da erosão do solo abaixo cultivo em zona Sudanês do Mali : Caso da aldeia de Kani (círculo de Koutiala). [Para obter o grau de Mestre em Ciências Agronômicas do IPR/IFRA de Katibougou .

Especialidade : Gestão Integrada da Fertilidade do Solo (ISFM).].
https://cgspace.cgiar.org/server/api/core/bitstreams/593a13dd-1186-4c73-9710-1f7ad47349de/content

Sampebgo, A.-A., Ibrahim, O., & Joachim, B. (2024). Riscos climáticos de desenvolvimentos de irrigação na sub-bacia hidrográfica de Nariarle em Koubri , Bacia de Nakanbé , Burkina Faso. Asiático Jornal de Avanços em Agrícola Pesquisar, 24(5), 50-64. https://doi.org/10.9734/ajaar/2024/v24i5506

Sampebgo, A.-A., Zan, A., & Bonkoungou, J. (2024). Formas e processos de erosões reais do instalações irrigação de abaixo bacia hidrográfica de Nariarle , bacia do Nakanbe No Burquina Faso Faso. Análise Internacional de lá Pesquisar Cientista e de Inovação (Revisão-IRSI), 2 (2), Artigo 2. https://doi.org/10.5281/zenodo.11243668

Stéphanie, B. (1994). Estudo de irrigação por simulação de chuva de três solos de vinhedos mediterrânicos . 149.

Tribak , TEM., O Garouani , TEM., & Abahrour , Senhor. (2012). Erosão água Em O Série de margas terciárias da península oriental : Agentes, processos e avaliação quantitativa. Análise marroquino do Ciência Agronômica E Veterinários,1 (1), 47 - 52.

YAAGOUB, D., ALMA, K., JAFARI, E., Raouf, P. J., Abdel Ali, P. C., & Maomé, P. B. (2016). Memória de FIM de estudos . 43.

Yaméogo , A. (2021). Caracterização da dinâmica erosiva na bacia hidrográfica superior de lá Sissili (Burquina (Faso) [Tese de [Doutorado]. Universidade José KI- ZERBO.

Yjjou , M., Bouabid , R., El Hmaidi , A., Essahlaoui , A., & El Abassi, M. (2014). Modelagem de erosão hídrica via GIS e a equação universal de perdas de solo na bacia hidrográfica de Oum Er- Rbia . The International Journal Of Engineering And Science (IJES) ,3 (8), 83 - 91.

CLÁUSULA DE ISENÇÃO DE RESPONSABILIDADE (INTELIGÊNCIA ARTIFICIAL)

O autor declarado por lá presentes que nenhum tecnologia de IA generativo tal que os principais modelos de linguagem (ChatGPT, COPILOT, etc.) e geradores de texto para imagem não foram usados ao escrever ou editar manuscritos.

INTERESSES CONCORRENTES

Os autores ter declarado que ele não existe não de interesses concorrentes .

AUTOR (S)

Sampebgo Abdul-Azizé

Laboratório de Pesquisar em Ciência Humanos, Departamento de Geografia, Universidade Norbert Zongo, UFR/SH, BP: 376, Koudougou, Burkina Faso.

Pesquisar E experiência acadêmico :

Ambiente E desenvolvimento de território. Dinâmica-Espaço e Sociedade.

Especialização : *SIG, Cartografia, Geomática, avaliação de risco climático em muitos setores, como agricultura, meio ambiente, água, saneamento, saúde do solo, etc.*

Bonkoungou Joaquim *(Pesquisador, Pesquisador sênior)*

INERA/CNRST, Centro Nacional de Pesquisa cientista E tecnológico/Instituto de Meio Ambiente e Pesquisa Agrícola, Burkina Faso.

Experiência acadêmica e de pesquisa *: É cientista sênior em geografia, clima E ambiente. Isto tem supervisionado do pesquisar práticas de estudantes Pesquisadores de doutorado e mestrado II.*

Especialização em pesquisar *: Dela domínio de especialização entender principalmente a avaliação do riscos climático Em de muitos áreas. Do setores como agricultura, meio ambiente, água e saneamento, saúde do solo, etc.*

Outros) pontos) notável(is) : Ele Leste membro da África Clima Liderança.

Printed by Books on Demand GmbH, Norderstedt / Germany